Complex Project Management Body of Knowledge

複雜專案管理知識體系

魏秋建 教授 著

五南圖書出版公司 印行

專案管理是一群人一起做事的方法，可以讓企業以最有效率的方式，整合資源，執行策略，達成目標。傳統的專案管理手法，希望在明確的專案目的和專案目標下，進行規劃、執行和控制。但是全球化的競爭，使得產品生命週期越來越短，市場競爭變化越來越快，以致客戶需求越來越難預測。面對這麼複雜的競爭環境，企業以往的專案管理手法已經無法適用，因為越來越多專案的目的和目標無法事先知道，這種專案稱為「複雜專案」。根據調查，企業的所有專案中，大約80% 的專案具有複雜專案的特性，所以如果還是用傳統的思維管理專案，必然無法順利完成專案。因此企業需要一套管理複雜專案的方法，本知識體系就是為了因應這樣的需求而撰寫。管理複雜專案不只是方法論的不同而已，連專案經理的思維邏輯都要做根本上的顛覆，才能成為一個稱職的複雜專案經理。簡單來說，管理複雜專案已經變成企業不可或缺的能力，甚至是企業競爭優勢的來源，因為這個能力可以提高 80% 專案的成功機率。

本書是美國專案管理學會 (APMA, American Project Management Association) 的複雜專案經理 (Certified Complex Project Manager) 證照認證用知識體系。

本書之撰寫作者已力求嚴謹，專家學者如果發現有任何需要精進之處，敬請不吝指教。

魏秋建

a0824809@gmail.com

2016/9

Contents

Part 1

複雜專案管理知識體系

Contents

方法

1. （略）
2. 使用者故事
3. 訪談
4. 群組討論
5. 模型製作
6. 需求審查

複雜軟體專案管理層級模式

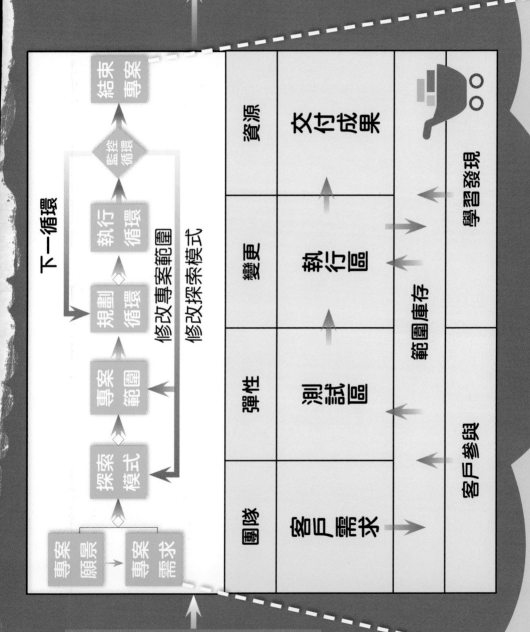

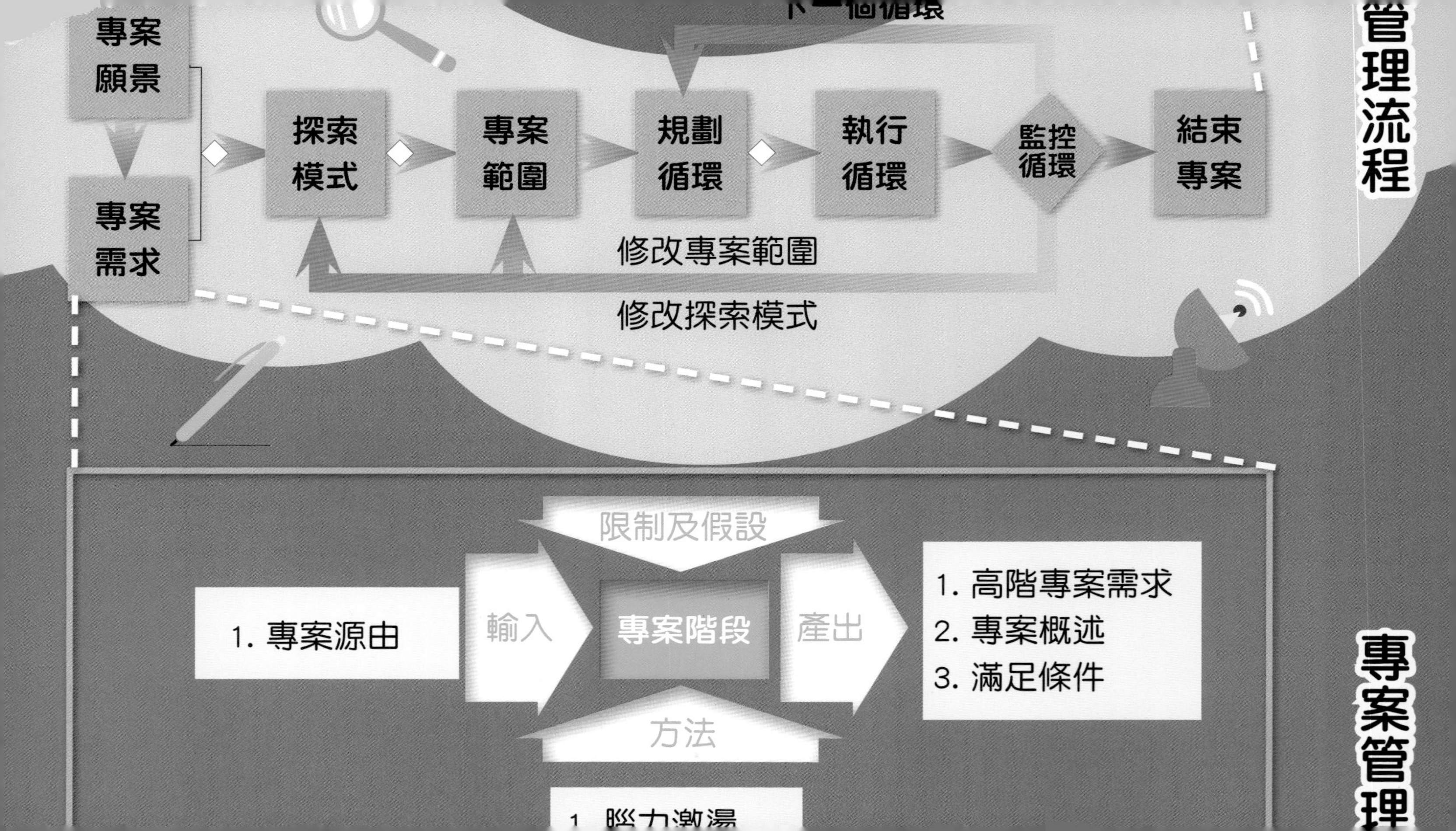

管理流程

專案管理

結束
專案

監控
循環

執行
循環

規劃
循環

專案
範圍

探索
模式

專案
願景

專案
需求

修改專案範圍

修改探索模式

限制及假設

產出

1. 高階專案需求
2. 專案概述
3. 滿足條件

專案階段

輸入

方法

1. 專案源由

Part 1

複雜專案管理知識體系

Complex Project Management Body of Knowledge

複雜專案概念

　　傳統的專案管理模式適用於專案目的明確，解決方案清楚，而且內外在環境不確定性低，所以執行過程的變更機會少；因此可以在專案一開始，就制定一個詳細完整的計畫書，專案團隊只要依據這個計畫書落實執行即可。這樣的專案管理模式希望變更越少越好，即使過程有一些變更，只要按照計畫好的變更管制程序就可以處理。不過如果執行過程變更太多，專案經理會被認為是計畫不夠嚴密，考慮不夠周詳。此外，傳統專案的成員人數相對也可以比較多，因為特殊狀況很少，即使成員散布在不同地點，沒有集中在同一個辦公室 (colocation)，也不會顯著影響專案的績效。

　　總括來說，傳統的專案管理模式適合管理：不複雜、變更少、技術成熟、低風險、團隊有經驗，以及計畫驅動 (plan driven) 的專案。但是隨著全球競爭時代的來臨，客戶需求和市場態勢瞬息萬變，專案執行過程的變動，幾乎已經是必然的現象。傳統的專案管理模式，已經無法滿足企業競爭的需要，因為創新是全球企業競爭優勢的來源，而越是創新的專案，專案目標和解決方案的不確定性就越高，管理複雜度也越高，這樣的專案稱為複雜專案 (complex project)。

　　簡單地說，複雜專案具有幾個特性：環境變化速度快、計畫變更

機會大、成本花費低、不確定性高。很明顯地，複雜專案絕對無法在專案的一開始，就把整個專案計畫書完全制定清楚，因為有太多的不確定因素存在。相反地，專案目標的確認和解決方案的尋找，必須靠執行過程的持續修正和變更才能圓滿達成，因此複雜專案的管理模式必須由傳統的「計畫驅動」，調整成為「變更驅動 (change driven)」。

　　對複雜專案來說，變更是完成任務的必要手段，因為專案透過變更可以探索路徑和調整方向。但是複雜專案的變更驅動並不表示不需要專案計畫，而是把傳統一開始的大量詳細規劃，分散成後續幾次的小量詳細規劃，而且後面的計畫會根據前面的結果做調整；這樣的規劃稱為及時規劃 (just-in-time planning)，也就是在馬上要執行到之前才進行規劃。這種延遲規劃的方式，可以讓團隊在狀況較為明朗時，制定出更為實際可行的計畫。

　　此外，如果以漁船做為比喻，傳統專案是一捕捉特定魚類的船，因此船員必須是專才，也就是要具備捕捉那種魚類的專業技術，而且認為為了達到最高績效，管控所有船員是必要的手段。相對地，複雜專案是一條不知道要捕捉什麼魚的船，必須靠船員的探索才能發現，因此船員必須是通才，要能略懂好幾種魚的捕捉技術，而且放手讓他們嘗試和獨立作業的效果，可能最好。

　　兩者的差異也可以用射箭來作比喻，傳統專案是射箭者和箭靶都固定，所以困難度相對較低，複雜專案則是有時箭靶在移動，有時射箭者在移動，甚至有時是射箭者和箭靶都在移動，所以射中靶心的困難度可想而知。

　　圖 1.1 說明幾種不同的複雜專案，其中 (a) 型複雜專案是專案目的已知，但是達成方法 （解決方案） 未知。(b) 型複雜專案是專案目的未知，而且達成方法 （解決方案） 也未知，這是最困難的複雜專案。(c) 型複雜專案是專案達成方法 （解決方案） 已知，但是不知道

可以應用到什麼地方。

(a) 目的已知 / 達成方法未知

(b) 目的未知 / 達成方法未知

(c) 目的未知 / 達成方法已知

圖 1.1　複雜專案管理

以下說明幾個和複雜專案管理有關的名詞：

問題 (Problem)	企業目前所面臨必須優先解決的問題。
機會 (Opportunity)	企業目前所發掘應該優先實現的機會。
傳統專案 (Traditional project)	目的 (goal) 和解決方法 (solution) 都明確定義清楚的專案。
複雜專案 (Complex project)	目的 (goal) 和／或解決方法 (solution) 沒有明確定義清楚的專案。

1.1 傳統專案與複雜專案

　　傳統專案的管理模式是希望專案目標明確，過程可以計畫清楚，然後依照計畫執行，最後達成專案目標。複雜專案的管理則是專案目標不明確，因此無法計畫清楚，不能依照計畫執行，最後達成的可能也不是當初所想的，但是只要它具有商業價值就算是成功的專案。兩者的差異，可以用圖 1.2 來說明。

<table>
<tr><td>開始─────────開始</td><td>開始～～～～開始</td></tr>
<tr><td>(a) 傳統專案</td><td>(b) 複雜專案</td></tr>
</table>

圖 1.2　傳統專案與複雜專案

　　圖 1.3 以專案的速度和不確定性（目的／方法）為橫軸，以過程的變更為縱軸，可以得到四個象限，其中左下角為速度慢、不確定性低、變更少的專案，這是最典型的傳統專案，也是可以規劃最清楚的專案。左上角的是速度慢、不確定性低、變更多的專案，這是傳統專

案時常提到的類型，可以採取滾浪式規劃 (rolling wave planning) 的方式來處理。右下角的是速度快、不確定性高、變更少的專案，例如希望快速推出第一版產品上市的產品開發專案，一旦確定規格後，即不再變更。右上角是速度快、不確定性高、變更多的專案，這就是典型的複雜專案。

很顯然地，傳統的專案管理手法絕對無法管理好複雜專案，因為兩者的思維邏輯和管理模式完全不一樣。相反地，單以複雜專案的管理模式也不能管理好傳統專案。但是根據調查，傳統專案約只占 20%，其他約有 80% 的專案都有複雜專案的特性，由此可知複雜專案的管理能力，已經變成企業不可或缺的競爭優勢來源。表 1.1列出傳統專案與複雜專案的各種差異。

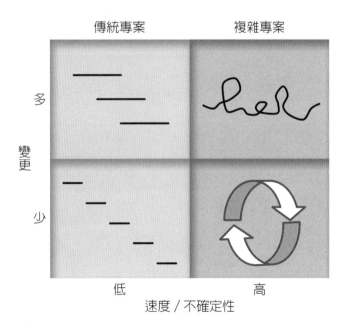

圖 1.3　傳統專案與複雜專案

Complex Project Management Body of Knowledge
複雜專案管理知識體系

表 1.1　傳統專案與複雜專案的差異

傳統專案	複雜專案
線性／左腦	非線性／右腦
管理過去／已知	管理未來／未知
完成期限長	完成期限短
計畫導向	變更導向
現有技術	創新技術
低投資	高投資
如期／如質／如預算	創造商業利益
制度／流程	彈性
嚴密控制	自主管理
不確定性低	不確定性高
需求固定	需求不定
環境可預測	環境不可預測
客戶參與少	客戶參與多
專案步調慢	專案步調快
開始一次規劃	過程及時規劃
依照計畫	遞迴調整
第一次就做對	最後一次做對
準備／瞄準／發射	發射／調整子彈方向
避免變更	期待變更
管理	領導
矩陣型組織	專案型組織

　　此外，傳統專案由專案經理負責管理整個專案團隊，客戶只在一開始的需求階段參與，之後交由專案經理全權負責，一直到績效審查時，客戶才又出現，最後在專案結束階段，客戶對可交付成果做最後的允收。也就是說，傳統專案的客戶，只在需要的時候斷斷續續地參與專案。複雜專案則是因為不確定性太高，有時連客戶自己都不知道要什麼，因此過程需要客戶的全程參與，才能以最快的速度澄清問題，讓專案朝向正確的方向前進。所以分別在專案團隊和客戶團隊，各設置一個專案經理，可以大幅提高專案的成功機率。圖 1.4 為傳統專案和複雜專案的組織架構比較。

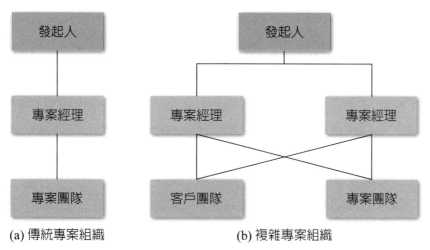

(a) 傳統專案組織　　　　　　(b) 複雜專案組織

圖 1.4　傳統專案和複雜專案組織架構

1.2 複雜專案類型

如果以專案目的的清楚與否，和解決方案的清楚與否，分別作為縱座標和橫座標，那麼就可以畫出如圖 1.5 的四個象限的複雜專案類型圖。

其中的左下角是目的和解決方案都清楚的傳統專案 (traditional project)，又稱為簡單專案 (simple project)，管理模式稱為傳統專案管理 (traditional project management, TPM)。

傳統專案以外的三種專案都稱為複雜專案（圖中呈灰色區域）。位於右下角的是目的清楚但是解決方案不清楚的專案，稱為迅捷專案 (agile project)，管理模式稱為迅捷專案管理 (agile project management, APM)。

位於右上角的是目的和解決方案都不清楚的專案，這是傳統專案的相反，是專案管理的極端狀況，所以稱為極端專案 (extreme project)，管理模式稱為極端專案管理 (extreme project management, xPM)，也被稱為激進專案管理 (radical project management)。

位於左上角的是目的不清楚但是解決方案清楚的專案，這是迅捷專案的相反，和極端專案一樣，都是專案目的不清楚，因此型式上比較接近極端專案，但是兩者又有區別，所以雖然稱為極端專案 (emertxe project)，特別將英文字倒寫過來，管理模式稱為倒寫過來的極端專案管理 (emertxe project management, PMx)。

本知識體系適用所有這三種複雜專案的管理，包括迅捷專案和兩種極端專案。

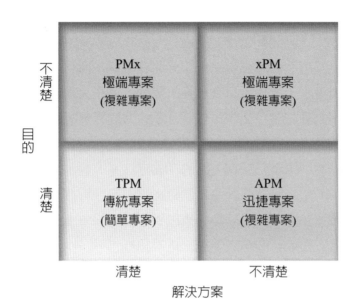

圖 1.5 複雜專案類型

傳統專案 (TPM) (Traditional project)	專案目的清楚,解決方案清楚的專案。傳統專案的團隊人數可以很多,而且不一定要集中辦公,成員的技術等級也可以資深和資淺混合。此外,團隊需要監督和管理。傳統專案通常都有正式的範圍變更管制和績效報告系統。
迅捷專案(APM) (Agile project)	專案目的清楚,解決方案不清楚的專案,大約 80% 的專案具有複雜專案的特徵。迅捷專案的團隊人數通常少於 15 人,而且一定要集中辦公,成員的技術等級必須是資深人員,而且團隊不需要監督,可以自主管理。迅捷專案也不需要正式的範圍變更管制和績效報告系統。
極端專案 (xPM) (Extreme project)	專案目的不清楚,解決方案也不清楚的專案。
極端專案 (PMx) (Emertxe project)	專案目的不清楚,解決方案清楚的專案。

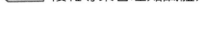
1.3 複雜專案的管理

　　傳統專案因為目的和方法都十分明確清楚，而且不確定性低，過程的干擾因素少，所以可以在專案一開始，就花大量的心力和時間，將整個專案的計畫制定出來，如圖 1.6 的傳統專案規劃曲線，之後再即時處理出現的少數變更。

　　複雜專案則因為目的和方法的不確定性高，過程的干擾因素多，所以無法一開始就將整個計畫書制定出來。唯一可行的方式，就是逐步漸進地嘗試和發掘，也就是先規劃相對清楚的一小部分，然後執行這一小部分，由執行的結果誤差，再規劃修正下一小部分，如此反覆進行，直到目的達成或方法找到為止。如果在執行過程發現需要變更的地方，為了不干擾目前部分的執行，通常只將變更納入下一個部分的計畫，以利目前專案部分的進行。

　　圖 1.7 說明複雜專案的執行階段，以及和前面規劃階段、後面監控階段的關聯性。圖 1.8 說明複雜專案的監控，複雜專案以設定密集的監控點來矯正方向。

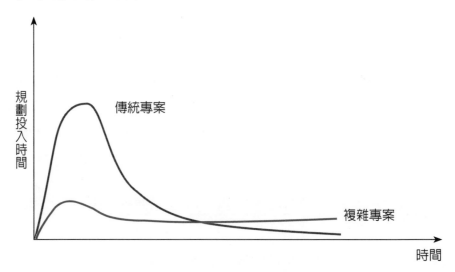

圖 1.6　複雜專案規劃

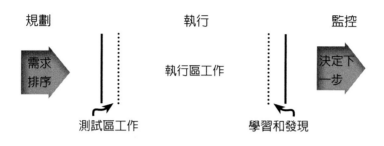

圖 1.7　複雜專案執行

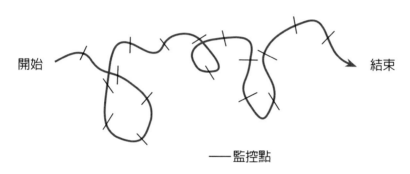

圖 1.8　複雜專案監控

1.4　複雜專案管理哲學

　　複雜專案和傳統專案有根本上的差異，因此除了管理模式要不一樣之外，在管理哲學上也必須有很大的不同。複雜專案應該遵守的管理哲學，包括有六大精實原則 (lean principles)、七大持續創新原則 (principles of continuous innovation)、和四大迅捷宣言 (agile manifesto)。分別說明如下：

六大精實原則：

1. 減少浪費：不要花時間去規劃不會執行到或經常會變更的工作。
2. 擴大學習：採用前一部分執行的學習和發現，再加上實驗等方

法，來提高下一部分的執行績效。

3. 延遲決策：延遲專案的規劃決策到最後一刻，以便蒐集到更多的有用資訊。

4. 儘速交貨：以最快的速度遞送給客戶可交付成果，可以越早知道客戶的回饋改善意見。

5. 授權團隊：授權團隊自我管理、自我領導，創造一個鼓勵創新的高生產力環境。

6. 大處著眼：永遠以創造企業價值爲最高指導原則。

七大持續創新原則：

1. 取悅客戶：讓客戶充分參與，以客戶是主要決策者。

2. 團隊自主：組成有經驗的團隊，提供自主管理專案的環境。

3. 客戶驅動：由客戶決定執行什麼和執行順序，然後一起討論如何執行和何時執行。

4. 逐步交付：在執行專案的每一小部分後，就提交客戶期望的部分價值，直到最後的整體價值。

5. 心繫風險：做好風險管理來降低專案的阻礙。

6. 自我改善：檢討執行完畢的部分，累積經驗來改善解決方案的績效和個人的績效。

7. 互動溝通：團隊和客戶誠信溝通，以提高解決方案的有效性。

四大迅捷宣言：

1. 「自主和互動」勝過「流程和工具」：賦予成員自主管理並且提供積極互動的環境，而不是拘泥在僵化的管理流程和工具。
2. 「半成品」勝過「完整文件」：逐步即時的交付給客戶半成品，勝過提供完整計畫的書面完成品。
3. 「客戶協同」勝過「合約談判」：客戶的緊密參與遠比談判合約細節條款來得重要。
4. 「順應變更」勝過「遵循計畫」：根據實際狀態做出必要的變更，而非強調依照計畫落實進行。

複雜專案管理能力

　　成為複雜專案經理的首要條件是充分了解複雜專案的特性、複雜專案的管理模式和複雜專案的管理哲學，然後將思維模式由傳統專案切換到複雜專案。

　　將人格特質調整成為適合管理複雜專案的狀態，包括：

(1) 成為 Y 理論（人性本善）的專案經理：相信人是可信的、有能力的、可以完成負責的工作。

(2) 培養高的情緒智商：尊重成員個性差異和思考方式。

(3) 學習接受他人意見：複雜專案的完成，需要各式各樣的意見。

(4) 學會積極傾聽：重複對方的說法，以確定聽懂對方的意思。

(5) 培養談判能力：包括目標是要贏的談判、要妥協的談判、要雙贏的談判能力等。

(6) 解決衝突能力：熟悉 DDEENT 衝突解決模式，先處理感受，再了解狀況，最後找出解決方法。

　　(a) 冷靜自我 (Diffuse yourself first)：會議前先讓自己冷靜下來。

　　(b) 說明衝突 (Describe the conflict)：會議中說明衝突的問題所在，重在對事不對人。

　　(c) 了解原因 (Explore cause)：發揮積極傾聽的能力，了解衝突

發生的原因，避免為了儘速解決，傷了當事人的面子。

(d) 連結價值 (Elevate the energy)：將當事人工作的重要性連結到企業的目標或是對社會的貢獻。

(e) 協商解決 (Negotiate solution)：腦力激盪衝突的解決方法。

(f) 採取行動 (Take action)：根據解決方法，馬上採取行動。

(7) 培養決策能力：

(a) 一人決策：沒有其他人參與。

(b) 諮詢決策：積極傾聽他人意見後自行決定。

(c) 多數決策：多人參與，少數服從多數。

(d) 共識決策：70% 以上成員贊成的決策。

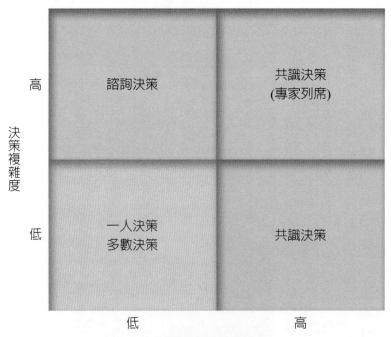

圖 2.1　各種決策方法使用的時機

(8) 做好關係人管理：完整的專案關係人包括你自己、你的家人、你的上司、你的專案、專案團隊、其他專案經理、發起人、高階管理層、推動委員會、內部客戶、外部客戶、客戶代表、消費者、大眾、專家、專案推動人、部門經理、資源提供者（簽訂合同）、供應商、政府，對手、專案辦公室。關係人管理六步驟：

(a) 確認誰是關係人。

(b) 確認他們的責任。

(c) 評估專案對他們的影響。

(d) 評估關係人的需求。

(e) 確認關係人的滿足條件。

(f) 指派主要關係人之負責人。

　　總括來說，複雜專案經理應該具備的能力如下：

(1) 了解專案複雜度和不確定性，制定專案策略以完成為客戶創造價值的成果。

(2) 制定高階專案進度和預算，以及達成營運目的和目標的商業計畫，並且選用計畫適用的生命週期。

(3) 持續變更計畫來配合專案策略的更新和變化。

(4) 領導專案團隊在專案的整個過程，發展改善專案成果的創新方法。

(5) 設計、建立和管理複雜專案的組織架構。

(6) 使用系統思考來管理複雜專案，將複雜專案視為與外在環境互相連動的有機體。

(7) 領導專案團隊發展策略以達成專案的目的。

(8) 了解文化、認知、個性和生命階段的差異，以規劃和運作專案的團隊。

(9) 以誠信治理複雜專案。

(10) 智慧、行動力、成果導向、鼓勵創意、聚焦、勇氣、影響力。

複雜專案管理架構

　　複雜專案的管理比傳統專案困難得多，需要一套統合思維和行爲準則的管理架構，來提高複雜專案的完成機率。圖 3.1 爲複雜專案的管理架構。圖中左邊是複雜專案管理的願景或目的，中間上半部是複雜專案的管理流程，中間下半部是管理好複雜專案所需要的基本共通原則。

　　首先是需要一組具備足夠專業能力的團隊，其次是管理制度要非常有彈性，以便專案團隊可以自主的運作。接著是專案的完成必須依賴執行過程的持續變更，才能找到所需要的解決方案。最後是組織要提供足夠的資源給專案團隊，否則即使專案團隊是巧婦，也難爲無米之炊。

　　這四項的下方是複雜專案的管理模式。一開始必須了解、擷取和排序客戶的需求，以建立應該要執行的所有專案範圍庫存，已經知道目的、需求和解決方法的 WBS (Work Breakdown Structure)，依序排入執行區等待執行。不知道目的、需求和解決方法的部分，則由團隊腦力激盪找出可能方法，進入測試區等待測試，成效良好的轉入執行區納入專案範圍。任一循環未執行完畢的工作，回到範圍庫存等待下一循環排序執行。

　　如此反覆直到找到達成專案目的的最終解決方法爲止。複雜專案
的完成必須仰賴客戶的全力參與，以及嘗試錯誤後的學習和發現，最
後圓滿達成圖 3.1 右邊的複雜專案願景或目的。

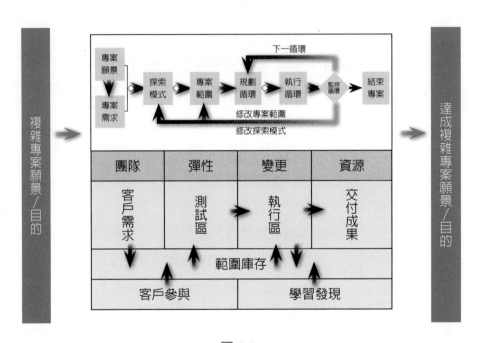

圖 3.1

複雜專案管理流程

　　前面提到傳統專案是一開始就一次規劃清楚，複雜專案則是分幾次逐步規劃清楚；一次規劃清楚是直線式的思考模式，逐步規劃清楚則是回授式的思考模式，兩者在管理流程上有顯著的差異。圖 4.1 為複雜專案管理知識體系的複雜專案管理流程，這個流程同時適用目的清楚（迅捷專案）及目的不清楚（極端專案）的複雜專案。

　　當目的清楚，但是有一部分或大部分的解決方案還不清楚的時候，通常從專案需求開始，然後透過幾次的循環 (cycle)、學習和累積經驗，修正有誤差的解決方案，經由過程的變更，逐漸找到達成專案目的的解決方案。如果目的和解決方案都不清楚的時候，通常從專案願景開始，同樣可以透過幾個循環，逐漸找到專案目的和解決方案，這類的專案通常是產品研發或問題解決的專案。

　　極端專案的源頭因為只是客戶的某個願景，因此不確定性和複雜度比迅捷專案高更多。極端專案由客戶的願景，確認出專案的範圍，然後執行和監控每個階段的產出，最後希望能夠滿足客戶願景，結束專案。

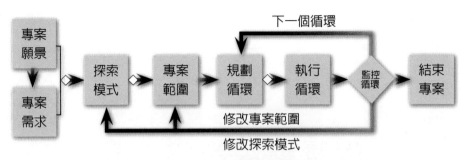

圖 4.1　複雜專案管理流程

複雜專案管理方法

　　執行複雜專案管理的每一個階段，除了要應用相關的產業知識之外，還需要有一套執行的方法，這樣的專案管理方法，不是指執行階段所需要的專門技術，而是指執行階段的邏輯和思維架構。這樣的思維架構可以讓每一個成員，很容易地抓到執行某一個階段的重點。

　　圖 5.1 為複雜專案管理方法的示意圖，中間方塊代表複雜專案的某一個階段，方塊左邊是執行該階段所需要的輸入資料或訊息。方塊上方是執行該階段所受到的限制 (constraints)，例如組織的政策，或是階段的假設 (assumptions)，例如不一定是真的的事情認為是真，或是不一定是假的事情認為是假，限制和假設往往是專案風險的所在。方塊下方是執行該階段可以選用的技術 (techniques) 和工具 (tools)。方塊右邊是執行該階段的產出。

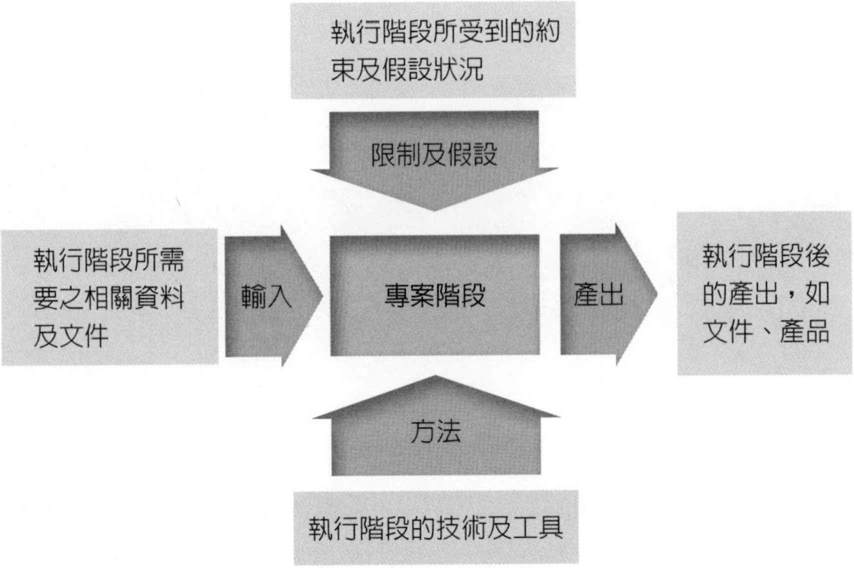

執行階段所受到的約束及假設狀況

限制及假設

執行階段所需要之相關資料及文件

輸入

專案階段

產出

執行階段後的產出，如文件、產品

方法

執行階段的技術及工具

圖 5.1　複雜專案管理方法

複雜專案管理層級模式

綜合前幾章所提的複雜專案管理架構、複雜專案管理流程和複雜專案管理方法，可以建構出一個三階的複雜專案管理層級模式 (complex project management hierarchical model)。以由上往下愈來愈詳細的方式，架構出一個完整的複雜專案管理方法論。熟悉這樣的模式之後，不但可以對複雜專案管理的知識體系有更深刻的了解，而且在複雜專案的執行實務上，可以有共同的溝通語言，對複雜專案管理知識和實務的結合有很大的幫助。

圖 6.1 為複雜專案管理層級模式。圖中最上層的複雜專案管理架構，點出複雜專案管理的整體架構和內涵，組織可以由這個架構清楚知道，要管理好複雜專案所必須具備的思維和基礎架構，包括專業的專案人員、富有彈性的管理制度、持續變更的探索搜尋，以及充分的專案資源等。

複雜專案的管理從客戶的需求開始，展開成專案的範圍，放入範圍庫存中，已知解決方法的部分，放入執行區等待執行，未知解決方法的部分，放入測試區等待測試。測試結果好的移到執行區，納入達成專案目的的工作項目。執行區未執行完畢的工作，放回範圍庫存，等待下一循環執行。

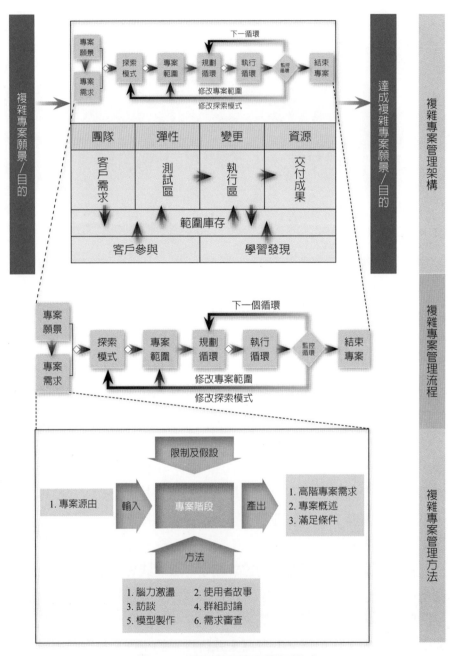

圖 6.1　複雜專案管理層級模式

　　如此反覆進行，直到最後的可交付成果，滿足發起人或客戶的需求，或是創造出商業價值後專案結束。複雜專案的完成，必須有全程而有效的客戶參與，不能太多也不能太少。複雜專案的管理是一個探險的旅程，一步一步地往前推進，每一步都需要上一步的學習發現，來改善誤差和矯正錯誤。

　　圖中第二層是複雜專案管理流程，它是一個適合管理所有複雜專案的流程，目的未知的專案從需求開始，目的已知的專案從願景開始，然後選擇專案的探索模式，確認專案的範圍，規劃每一個循環的執行，執行每一個循環的工作，監控每一個循環的成果，直到專案結束。最底層是專案管理的方法，它是用來說明執行每個階段需要用到的技術和工具，以及會受到的限制和可能出錯的假設。主要功能是提供專案人員一個清晰的邏輯思考方式，因爲它不但清楚地說明每一個階段應該怎麼做，最重要的是提醒成員在做的時候，需要考慮哪些事項。

Part 2

複雜專案管理知識領域

Complex Project Management
Knowledge Area

● Chapter 7 複雜專案管理

複雜專案管理

簡介

複雜專案

　　複雜專案可能是專案的目的未知，只是一個客戶對結果狀態的主觀願景和期望 (desired and state) 而已。而且這個期望能不能達到也不知道，有時或許最後完成了，但是都不是當初所要達成的樣子。複雜專案的管理過程，就是希望專案目的和解決方案，能夠逐步浮現和收斂到一個可行的最終目的和解決方案，而且可以為企業帶來商業利益。

　　這種複雜專案的風險非常高，很多可能因為沒有完成而被中止。那些完成的也常常沒有產生實質的效益，而變成投入大於回收的狀況。不過如果專案一旦成功達成當初的願景，對企業所產生的競爭優勢也會超乎想像。

　　總括來說，這種複雜專案是高突破性、高創新性、過程極度變更、時程和成本都未知的專案。複雜專案也有可能是專案的目的清楚，但是只有少部分的解決方案不清楚，或是大部分的解決方案都不清楚。所以做法上可以先提供客戶解決方案的第一版產品，然後根據

客戶的回饋意見，修正改善第一版和後續幾版產品，直到客戶滿意為止。

　　所以複雜專案的管理是一種由做中學 (learning by doing) 的概念，每一個循環都包含循環的規劃、執行、監控和結束等幾個階段。複雜專案的主要階段有以下幾項 （如圖 7.1） ：

1. 專案願景
2. 專案需求
3. 探索模式
4. 專案範圍
5. 規劃循環
6. 執行循環
7. 監控循環
8. 結束專案

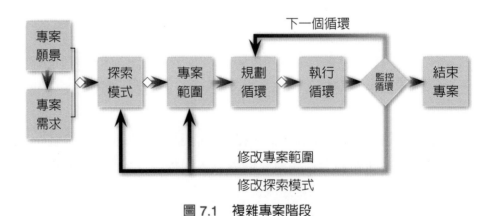

圖 7.1　複雜專案階段

複雜專案的四個主要名詞說明如下：

1. 願景 (vision)	專案發起人對問題和機會的主觀願景。
2. 需求 (requirement)	專案可交付成果必須滿足的需求。
3. 範圍 (scope)	滿足專案需求必須完成的專案工作。
4. 循環 (cycle)	遞迴執行複雜專案的期程，一般設定為 1 到 4 週，以便快速發現錯誤，修正專案的方向。

7.1 專案願景

專案願景 (project vision) 是極端專案的起始階段，因為此時專案目的未知，只是發起人心中的一個想法而已。所以這個階段是希望經過幾次和發起人的會議，了解發起人解決問題和創造機會的願景和內在企圖，有的發起人的願景可能非常清晰，有的發起人的願景可能非常模糊，需要透過來來回回的幾次澄清，將發起人的願景，轉化成專案的源由文件，以做為專案展開的依據。圖 7.2 為專案願景的方法。

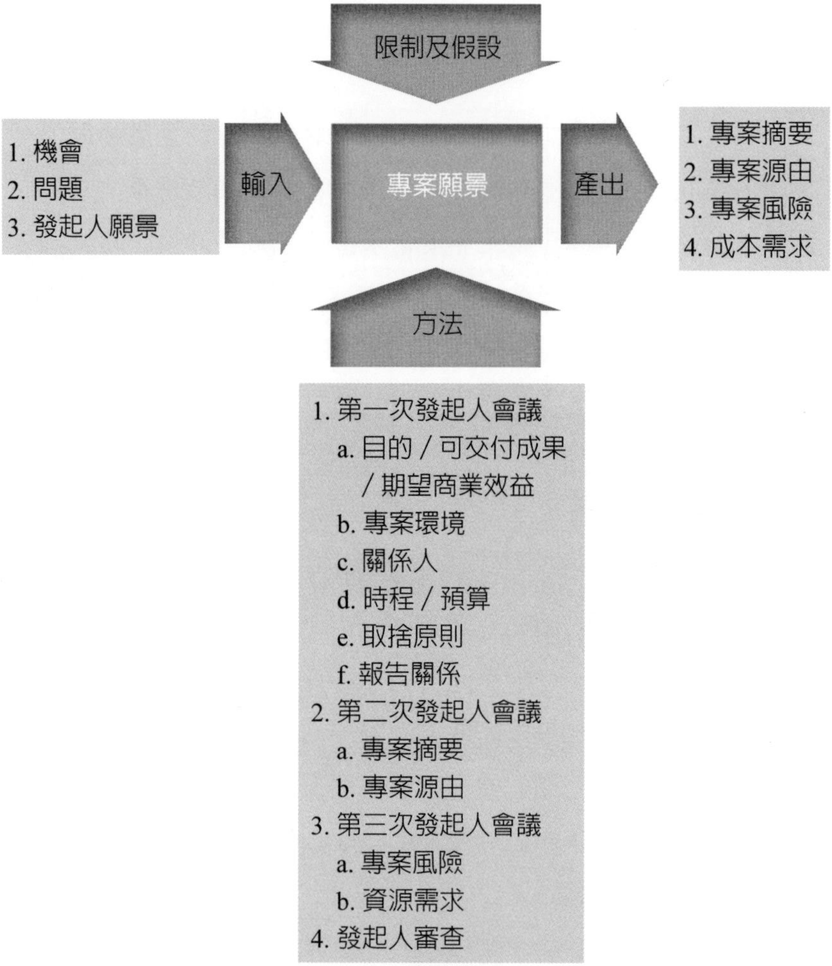

限制及假設

1. 機會
2. 問題
3. 發起人願景

輸入

專案願景

產出

1. 專案摘要
2. 專案源由
3. 專案風險
4. 成本需求

方法

1. 第一次發起人會議
   a. 目的／可交付成果／期望商業效益
   b. 專案環境
   c. 關係人
   d. 時程／預算
   e. 取捨原則
   f. 報告關係
2. 第二次發起人會議
   a. 專案摘要
   b. 專案源由
3. 第三次發起人會議
   a. 專案風險
   b. 資源需求
4. 發起人審查

圖 7.2　專案願景方法

輸入	1.機會：企業所發現的機會。 2.問題：企業所面臨的問題。 3.發起人願景：發起人的企圖心。
方法	1.第一次發起人會議 　了解以下事項： 　a.目的／可交付成果／期望商業效益：專案要解決的問題，或者要實現的機會；解決問題或實現機會的方案；解決方案的商業利益等。 　b.專案環境：專案和企業策略的關係，專案的重要性排序，專案的高層啓動者，專案的預算核准人等。 　c.關係人：利益會被正面或負面影響的內外在人士或組織，包括強力支持者和強力反對者。 　d.時程／預算：專案完成期限和預算。 　e.取捨原則：了解專案的哪個部分不能被妥協和打折，例如投資報酬率、品質、成本、產品功能、關係人滿意度等。 　f.報告關係：發起人的決策角色、專案經理的決策角色、包括預算和人員任用，以及績效報告時機等。 2.第二次發起人會議 　專案經理準備以下資料，在第二次會議中，請發起人審查和確認正確性： 　a.專案摘要：根據第一次發起人會議的紀錄，濃縮成爲一個三句話的專案摘要，包括：(1) 第一句 (who)：專案團隊名稱、可交付成果、客戶；(2) 第二句 (what)：專案達成標準；(3) 第三句 (why)：和企業策略目標的關係。

	b.專案源由：說明專案要做什麼，為什麼要做以及商業利益何在的文件。 3.第三次發起人會議 專案經理分析專案風險，在第三次會議中，向發起人說明以下資料： a.專案風險：包括商業風險、產品風險、專案風險、組織風險等。 b.資源需求：包括人力需求和財務需要。 4.發起人審查：發起人審查是否同意進入下一階段。
限制及假設	
產出	1.專案摘要：三句話的專案摘要，例如：(1)Lion 團隊將負責開發成人失眠者使用之 12 小時安眠藥；(2) 配方送交藥廠後專案完成；(3) 專案可以在未來三年，為 Lion 公司提高 25 歲以上的美國成人市場市場占有率到 25%。 2.專案源由：內容包括專案摘要、專案邊界（哪些範圍包含、哪些不包含）、成功關鍵（必須滿足的需求）、可交付成果（功能、性能）、限制條件（範圍、品質、資源、時程、成本）。 3.專案風險：複雜專案的可能風險等級。如表 7.1。 4.成本需求：專案的粗略成本需求估計，因為此階段不確定因素太多，因此最好是估計一個成本範圍，例如 5 到 10 億。

表 7.1　風險分析

低風險			高風險	
0	1	2	3	4
商業風險				
清楚可衡量		最終商業利益	不清楚不可衡量	評分
弱		競爭	強	
地區		客戶分布	全球	
已知		客戶需求	未知	
熟悉		市場經驗	新加入	
穩定		政府法規	變動	
低		財務風險	高	
彈性		時程	固定	
穩定		市場狀況	變動	
總分				
平均				

產品風險			
清楚	功能	不清楚	
清楚	品質和性能	不清楚	
穩定	主要技術	變動	
存在	支援系統	不存在	
清楚	完成標準	不清楚	
可達成	關鍵成功因素	不可達成	
低	技術複雜度	高	
彈性	時程	固定	
有	類似產品紀錄	無	
總分			
平均			

專案風險			
可靠	外包商	不可靠	
低	專案複雜度	高	
有經驗	專案成員	無經驗	
全職	專案成員	兼職	
高	專案經理掌控資源度	低	
專家	專案經理	新手	
全職	專案經理	兼職	
輕巧彈性	專案管理方法	官僚僵化	
有	獎勵措施	無	
低	和其他專案相依性	高	
有	類似專案記錄	無	
已知	發起人	未知	
快	發起人回應速度	慢	
高	發起人影響力	低	
總分			
平均			

組織風險			
低	政治敏感性	高	
快	審核速度	慢	
少	組織關係人數量	多	
少	個人關係人數量	多	
高	主要關係人支持度	低	
高	關係人參與度	低	
集中	成員分布	分散	
穩定	專案組合優先等級	不穩定	
總分			
平均			
專案總平均			

7.2 專案需求

專案需求 (project requirements) 是迅捷專案的起始階段,此時專案目的已知,只有部分專案需求和解決方法未知。專案需求是指一組特定的專案終點狀態 (end-state condition),如果成功整合到解決方案當中之後,能夠讓組織產生具體可量化的商業價值。專案需求起於組織或客戶的需要 (needs),終於組織或客戶這些需要的滿足。

專案經理可以利用滿足條件 (conditions of satisfaction, COS),來取得和發起人或客戶對需求是否滿足的一致性理解,特別是發掘發起人或客戶需要 (need) 的而不是想要 (want) 的需求。極端專案也可以透過本階段,將專案願景往下展開成為專案需求。圖 7.3 為擷取專案需求的方法。

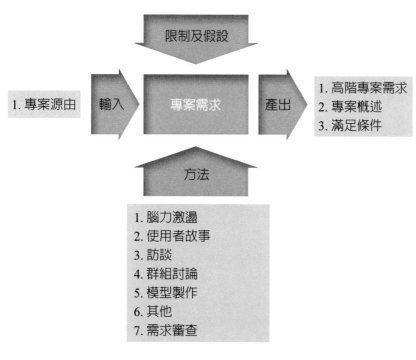

圖 7.3　專案需求方法

輸入	1.專案源由：如果複雜專案的目的已知，那麼專案源由可以更為具體，內容包括問題或機會說明（取得方法：定義、發散、分類、收斂），專案希望產出的產品或服務的描述，專案如何符合企業的經營策略，幾個不同解決方案的財務分析（成本效益比、損益平衡、投資報酬率），解決方案的排序（強制排序法、Q-分類法、必須／應該／延後法、權重法、成對比較法、風險／效益矩陣），較佳解決方案的範圍和可交付成果，以及專案如何逐步產出價值。
方法	1.腦力激盪：利用定義、發散、分類、收斂等四個步驟來取得專案需求。如圖 7.4。 2.使用者故事：詢問使用者對專案產品或服務的使用狀況、問題和期望。可以利用以下的範本進行：我是「　　」的使用者，我希望可以做到「　　」，因為「　　」原因。 3.訪談：一對一訪談企業內部或客戶的管理層，以取得需求的可能線索。 4.群組討論：由引導者帶領下的一組或多組的集體討論。 5.模型製作：製作專案產品的模型來協助客戶說出真實的需求。 6.其他：其他適用的任何方法。 7.需求審查：審查專案需求的完整性。
限制及假設	

產出	1.高階專案需求：還沒有向下拆解的專案高階需求 (high-level requirements)，它可以視爲專案的目標。
	2.專案概述：專案概述 (project overview statement) 是指大約一頁的專案綜合說明，提供發起人核准之用。內容包括問題或機會說明、專案目的說明 (goal statement)、目標說明 (objective statement)、成功標準，以及風險、假設和阻礙的一般性建議。如表 7.2 所示。
	3.滿足條件：滿足條件 (conditions of satisfaction) 是指達成專案需求所必須滿足的條件，由專案團隊和客戶以「面對面」的方式談出來。 依據專案的複雜度，可能是一對一聊天，或是好幾天的會議，滿足條件也可能會到功能規格的程度。滿足條件會隨著專案的進行，持續被檢視和修正，主要因爲複雜專案的目的和方法的不確定性。

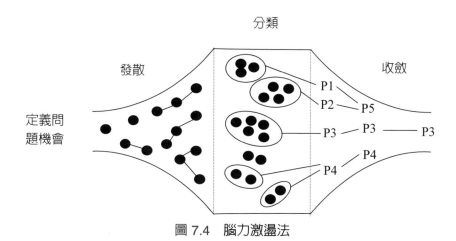

圖 7.4　腦力激盪法

Complex Project Management Body of Knowledge
複雜專案管理知識體系

表 7.2 專案概述範例

專案概述	專案名稱：防止感冒專案	專案編號：168	專案經理：甄善美
問題／機會： 目前沒有防止感冒的方法。			
目的： 找出防止感冒的方法。			
目標： 1. 找出一種食物添加物，可以防止感冒。 2. 改變免疫系統，可以防止感冒。			
成功標準： 方法必須對任何年齡有效率達 90%。 方法必須沒有副作用。 方法必須售價低於每份 100 元。 方法必須在任何藥房都買得到。 方法必須毛利達 20% 以上。			
假設／風險／阻礙： 假設：可以防止感冒。 風險：方法有副作用 阻礙：藥廠會阻撓開發。			
製表：李大同	日期：6/6/2014	核准：王大川	日期：6/8/2014

7.3 探索模式

　　探索模式 (exploring mode) 的目的是由專案的類別，選擇適當的探索模式，然後再根據專案的特性，和內外在環境的配合條件，調整所選的專案探索模式。有些時候只是細部的微調，有時可能需要更換所選的探索模式，以另外一個更適合實際狀況的探索模式來取代，才能產生最大的效果。

　　探索模式也可以展開成為特定的產品發展生命週期模式。圖 7.5 為探索模式的方法。

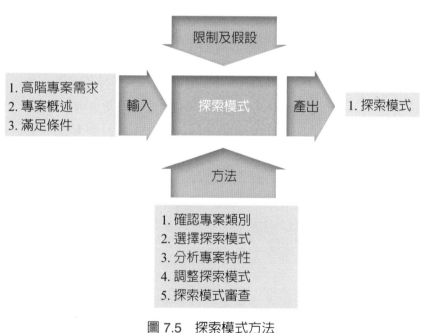

圖 7.5　探索模式方法

輸入	1.高階專案需求：詳細請參閱「專案需求」。 2.專案概述：詳細請參閱「專案需求」。 3.滿足條件：詳細請參閱「專案需求」。
方法	1.確認專案類別：確認專案目的和解決方法的清晰度，是否可以歸類爲複雜專案。 2.選擇探索模式：根據專案的初步特性選擇最適當的探索，包括：(1) 順序式；(2) 同步式；(3) 逐步發展模型式；(4) 逐步送交模型式；(5) 快速式等。如圖7.6 所示。 3.分析專案特性：細部分析專案的特性和内外在環境，以調整所選的專案探索模式，(1) 專案特性：包括成本、期程、複雜度、目的和方法清晰度、團隊能力和技術、以及需求的完整性等；(2) 内部環境：包括客户參與度、組織穩定度、技術成熟度、參與部門數量等；(3) 外部環境：市場穩定度、競爭狀況、產業狀態等。 4.調整探索模式：根據專案的分析結果，調整所選的探索模式。 5.探索模式審查：發起人審視並核准探索模式所需要的資源需求。
限制及假設	
產出	1.探索模式：最後確認核准的專案探索模式，探索模式之後可以根據需要變更。

(1) 順序式　　　　　　　　　　　(2) 同步式

(3) 逐步發展模型式

(4) 逐步送交模型式

(5) 快速式

圖 7.6　複雜專案探索模式

⌒7.4⌒ 專案範圍

　　專案範圍 (project scoping) 制定是根據專案的願景、目的和需求，制定需求分解結構 (requirement breakdown structure)，然後據以發展需求不清楚和方法不明確部分的高階工作分解結構，以及需求清楚和方法明確部分的低階工作分解結構，再加上客戶對產品功能的開發優先次序等，做為專案規劃時的工作執行順序的依據。圖 7.7 為制定專案範圍的方法。

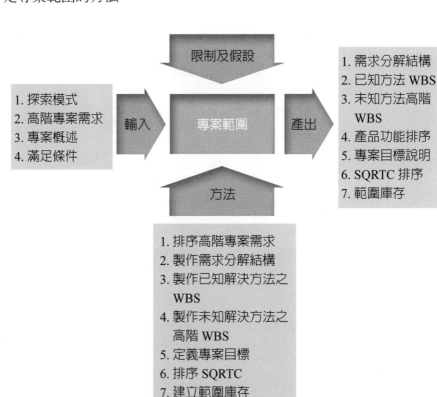

圖 7.7　專案範圍方法

輸入	1.探索模式：詳細請參閱「探索模式」。
	2.高階專案需求：詳細請參閱「專案需求」。
	3.專案概述：詳細請參閱「專案需求」。
	4.滿足條件：詳細請參閱「專案需求」。
方法	1.排序高階專案需求：對高階專案需求的重要性和緊急性進行排序。
	2.製作需求分解結構：將高階專案需求往下展開成需求分解結構 (requirement breakdown structure, RBS)，已知需求的部分可以展開到清楚的層級（以軟體為例：功能、子功能、程序、活動、特徵），未知需求的部分則有待後續的澄清。如圖 7.8 所示。

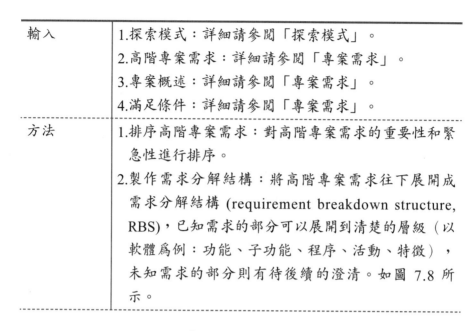

圖 7.8　需求分解結構

3.製作已知解決方法之 WBS：發展已知需求，且已知解決方法部分的工作分解結構到活動層級。

4.製作未知解決方法之高階 WBS：發展已知需求，但是未知解決方法部分的高階工作分解結構。

5.定義專案目標：制定幾個專案目標來進一步說明專案的目的。

6.排序 SQRTC：排序範圍 (scope)、品質 (quality)、資源可用性 (resource availability)、時程 (time) 和成本 (cost) 的重要性，以協助排序需求和評估變更要求對專案的影響。如表 7.3。

表 7.3 排序 SQRTC

	重要				彈性
	1	2	3	4	5
範圍 S				●	
品質 Q			●		
資源可用性 R	●				
時程 T					●
成本 C		●			

7.建立範圍庫存：範圍庫存 (scope bank) 是指必須執行，但是尚未執行的所有事項，包括最新的需求排序、需求分解結構 RBS、學習和發現、變更要求、排序好的執行區和測試區內容。範圍庫存的執行內容會隨著專案的進行而改變。

限制及假設

產出 1.需求分解結構：由高階專案需求拆解出來的需求分解結構。

2.已知方法 WBS：已知需求且已知解決方法部分的工作分解結構。如圖 7.9 所示。

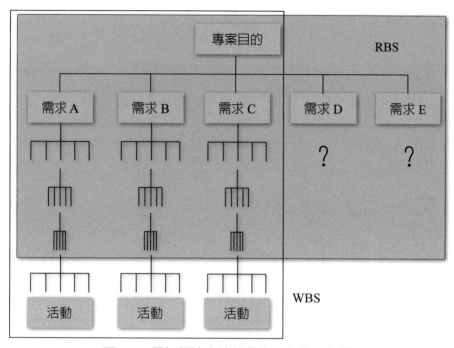

圖 7.9　已知解決方法部分的工作分解結構

3.未知方法高階 WBS：已知需求但未知解決方法部
　分的高階工作分解結構。

4.產品功能排序：產品功能開發的優先順序。圖 7.10
　為依照風險和價值的功能排序。圖 7.11 為依照
　Kano 法的功能排序。

5.專案目標說明：達成專案目的的目標說明，數量的
　參考值可以 6 到 8 個。

6.SQRTC 排序：範圍、品質、資源可用度、時程和
　成本的重要性排序。

7.範圍庫存：目前的範圍庫存內容。

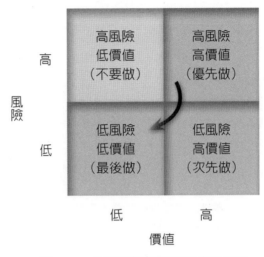

圖 7.10　依照風險和價值的功能排序

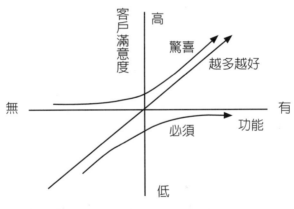

圖 **7.11**　依照 Kano 法的功能排序

⌐7.5⌐ 規劃循環

　　規劃循環 (plan cycle) 主要以會議的方式進行，首先決定循環的數目和時間長度，迅捷專案的時間長度一般固定，極端專案的時間長度則是越接近起始點越短。

　　然後將已知解決方法部分的 WBS，依照產品功能的優先順序，排入執行區等待執行。如果有任何可能改善的作法，則納入嘗試區等待測試。循環內可以制定里程碑以引導循環的進行，最後再指派人員建立風險管理計畫。圖 7.12 為規劃循環的方法。

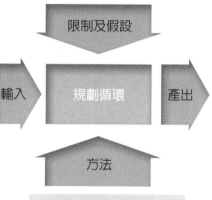

輸入
1. 探索模式
2. 需求分解結構
3. 已知方法 WBS
4. 未知方法高階 WBS
5. 產品功能排序
6. 專案目標說明
7. SQRTC 排序
8. 學習和發現
9. 範圍庫存
10. 變更要求
11. 執行區內容
12. 測試區內容

限制及假設

規劃循環

產出
1. 高階專案計畫
2. 循環排程
3. 執行區內容
4. 測試區內容
5. 資源需求
6. 跑道工期
7. 技術和資源相依性
8. 範圍庫存

方法
1. 規劃會議
2. 制定團隊運作準則
3. 建立循環數和期程
4. 將已知方法放入執行區
5. 將嘗試方法放入測試區
6. 定義里程碑目標
7. 指派風險負責人
8. 規劃審查

圖 7.12　規劃循環方法

輸入	1.探索模式：詳細請參閱「探索模式」。
	2.需求分解結構：詳細請參閱「專案範圍」。
	3.已知方法 WBS：詳細請參閱「專案範圍」。
	4.未知方法高階 WBS：詳細請參閱「專案範圍」。
	5.產品功能排序：詳細請參閱「專案範圍」。
	6.專案目標說明：詳細請參閱「專案範圍」。
	7.SQRTC 排序：詳細請參閱「專案範圍」。
	8.學習和發現：執行每一循環之後所學習到的知識、經驗和發現，可以用來修正之前解決方法的不足。
	9.範圍庫存：隨著專案進行的範圍庫存內容更新。
	10.變更要求：專案執行過程的變更要求，複雜專案以批次處理的方式，將本循環的變更要求，放在循環結束後的監控階段，一次審查變更要求，通過的變更要求再納入下一循環的計畫中。 也就是說複雜專案的每一個循環當中，不會有任何變更。
	11.執行區內容：上一循環結束後之執行區內容。
	12.測試區內容：上一循環結束後之測試區內容。
方法	1.規劃會議：召開規劃循環計畫的會議。
	2.制定團隊運作準則：最佳的團隊運作準則 (team operating rules) 是對成員造成最少的干擾，並且不會增加太多的額外工作。內容包括如何解決問題、進行決策 (directive, participative, consultative)、形成共識、和召開每日 15 分鐘會議等。
	3.建立循環數和期程：根據客戶的期限、專案的複雜度和需求分解結構的完整性，建立循環的可能數目和時間長度，一般定為 1 到 4 週，而且前面的循環期程可以短於後面的循環期程。

4. 將已知方法放入執行區：從範圍庫存中，把已知需求和已知方法的 WBS 活動，放入執行區排序後，等待進入跑道開始執行。

5. 將嘗試方法放入測試區：將任何嘗試性的改善方法，放入測試區後排序等待測試，效果好的改善方法再轉入執行區。嘗試性的方法可以是製作模型、深入討論和資料蒐集等方式。

6. 定義里程碑目標：可以制定里程碑要達成的目標，來引導專案的進行。

7. 指派風險負責人：指派專案風險的負責人，包括商業風險、產品風險、專案風險和組織風險等，少數重要的風險可以制定備案。圖 7.13 爲備用方案的網路圖例子，圖中數字爲發生機率優先值。

8. 規劃審查：審查循環計畫的可行性。

限制及假設	
產出	1. 高階專案計畫：包括已知需求和已知方法的完整計畫，以及已知需求和未知方法的高階計畫。其中完整計畫可以用甘特圖，高階計畫可以用網路圖表示。如圖 7.14。

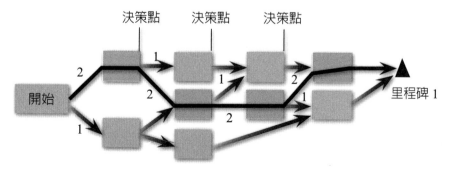

圖 7.13　備用方案網路圖

2.循環排程：下一循環的工作排程。如圖 7.15 之範例。

3.執行區內容：目前執行區內等待執行的所有活動。

4.測試區內容：目前測試區內等待測試的所有方法。

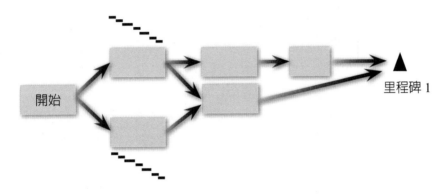

圖 7.14　完整計畫（甘特圖）與高階計畫（網路圖）

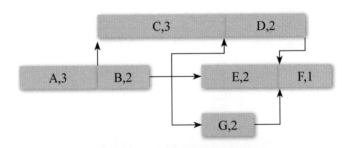

	M	T	W	R	F	S	S	M	T	W	R	F	S	S
王大川	a1	a2	a3					g1	g2					
李小玉				b1	b2			e1	e2	e3				
吳小山				c1	c2			c3	d1	d2	d3 / f1	f2		

圖 7.15　循環排程

5. 資源需求：進行執行區和測試區活動所需要的資源投入，複雜專案通常一開始就知道誰會是專案成員，而且是全職投入；傳統專案此階段則只是知道能力等級的需求而已。

6. 跑道工期：跑道是指循環內同時平行進行的工作，每個跑道的時間長度必須小於或等於循環的期程。時間最長的跑道是循環的要徑，應該特別留意。
跑道工期是跑道工作以正常資源透入和完成所需要的人時 (labor time)。所有跑道互相獨立是最理想的情況。

7. 技術和資源相依性：將執行活動畫成網路圖，然後建立活動之間的技術和資源相依性，活動之間完全沒有任何相依性是最理想的狀況，尤其是不同跑道之間最好沒有任何技術和資源相依性。如圖 7.16。

8. 範圍庫存：第二循環之後的範圍庫存內容。

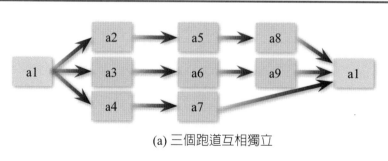

(a) 三個跑道互相獨立

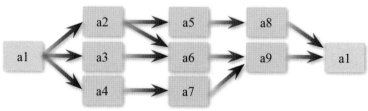

(b) 三個跑道沒有獨立

圖 7.16　技術和資源相依性

7.6 執行循環

　　執行循環 (execute cycle) 階段是根據循環的排程和人員指派，將執行區內的工作，投入到執行跑道依序執行；另一方面，也將測試區內的工作，例如實驗和製作模型等，投入到測試跑道依序執行，執行區內的工作，如果在循環結束時，還沒有執行完畢，則放入範圍庫存中，等待下一循環的執行。如果執行循環的結果不如預期，可以停止本循環，直接跳到監控循環階段，準備進入下一循環。圖 7.17 為執行循環的方法。

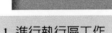

輸入		產出
1. 高階專案計畫	限制及假設	1. 可交付成果
2. 循環排程	執行循環	2. 學習和發現
3. 執行區內容		3. 範圍庫存
4. 測試區內容		4. 狀態報告
5. 資源需求		5. 變更要求
6. 跑道工期		
7. 技術和資源相依性		
8. 範圍庫存		

方法

1. 進行執行區工作
2. 進行測試區工作
3. 每日 15 分鐘狀況會議
4. 議題解決
第一循環
1. 製作模型
2. 進行實驗
3. 建立起始解
第二循環以後
1. 建立改善解

圖 7.17　執行循環方法

輸入	1.高階專案計畫:詳細請參閱「規劃循環」。
	2.循環排程:詳細請參閱「規劃循環」。
	3.執行區內容:詳細請參閱「規劃循環」。
	4.測試區內容:詳細請參閱「規劃循環」。
	5.資源需求:詳細請參閱「規劃循環」。
	6.跑道工期:詳細請參閱「規劃循環」。
	7.技術和資源相依性:詳細請參閱「規劃循環」。
	8.範圍庫存:詳細請參閱「規劃循環」。
方法	1.進行執行區工作:成員進行執行區內的工作。
	2.進行測試區工作:成員進行測試區內的測試或實驗工作。
	3.每日 15 分鐘狀況會議:團隊成員每天早上召開 15 分鐘的狀況會議,報告內容的例子如下:(1) 我進度如期;(2) 我進度落後,有辦法明天趕上;(3) 我進度落後,需要協助;(4) 我進度超前,可以協助別人。
	4.議題解決:使用議題記錄表(如表 7.4)記錄所有可能的議題,例如客戶後續無法積極參與專案,某專案成員時常進度落後,某專案成員經常開會遲到等等。
	第一循環(2 週):從產品功能排序在前面的部分開始執行。

表 7.4 議題記錄表

編號	日期	登錄者	處理者	說明	行動	目前狀況

1. 製作模型：如果大部分的解決方法都未知，第一個循環可以使用概念模型 (prototype)，來說明專案產品的概念，並做爲和客户討論的起點，但是這個模型可能只是高階需求的粗糙表達，目的是要引導出解決方法的搜尋方向。接下來可以針對幾個解決方案的可能選項，製作方案模型 (iconic prototype)。

2. 進行實驗：針對不同的專案需要，也可以使用實驗方式，以取得解決方法的訊息。

3. 建立起始解：如果對解決方法的了解已經足夠，就可以嘗試建立專案目的的起始解 (initial solution)。

第二循環以後：以起始解爲基礎，配合更新的需求分解結構，前一循環的可交付成果，範圍庫存，變更要求以及學習和發現等。經過規劃循環階段和客户腦力激盪討論之後，排出下一循環的優先工作，然後再進入本執行階段，繼續執行執行區內排序好的內容。

1. 建立改善解：第二循環以後的執行重點，是逐步收斂的獲得比起始解更好的改善解。利用系統化的方法，發掘創新的產品或問題的解決方案。

   例如使用 SCORE 模式，其中 (1) S (Scan／掃瞄)：了解法規、客户、市場、技術、對手；(2) C (Comprehend／理解)：感受使用者對新產品的期望、現有產品的失望、使用時的感覺、甚至親自參與他們的使用產品的場合；(3) O (Originate／創意)：產生產品或解決方案的構想，包括了解產品功能、確認產品屬性、納入客户經驗、探索其他領域、產生新構想、選擇最佳構想；(4) R (Refine／修正)：利用實驗、模型、模擬、圖形或藍圖等來修整構想；(5) E(Execute／執行)：執行最後選擇的最佳構想。

限制及假設	
產出	1.可交付成果：執行循環所產出的可交付成果。 2.學習和發現：執行循環之後所獲得可以減少專案不確定性的學習和發現 (learning and discovery)，包括和最終產品有關的學習和發現 (what) 以及和完成方法 (how) 有關的專案學習和發現。 傳統專案希望一開始就澄清和最終產品有關的所有不確定性，然後再依計畫逐漸完成專案。相反的，複雜專案則是在專案過程去同時澄清和產品以及和方法有關的所有不確定性。如圖 7.18。 3.範圍庫存：本循環沒有執行完畢的工作，放入下一循環的範圍庫存。 4.狀態報告：有關本循環的執行狀況報告，包括計畫和預期的差距，執行區成果、測試區成果、範圍庫存變化等等。 5.變更要求：執行本循環時的變更要求。

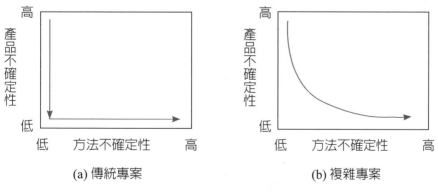

(a) 傳統專案　　　　　　　　(b) 複雜專案

圖 7.18　學習和發現減少專案不確定性

7.7 監控循環

　　監控循環 (monitor and control cycle) 是由客戶和專案團隊，一起檢討剛結束的循環完成了什麼、發現了什麼、學習了什麼，以及下一循環必須做什麼，甚至是調整專案的方向或是直接停止專案。把循環的工作結果和專案需求、目的以及待發現方法做比較，然後修正相關的計畫事項，包括新的產品功能排序，會影響下一循環的執行區排程，學習和發現會影響到下一循環的測試區工作和排程。圖 7.19 為監控循環的方法。

輸入		產出
1. 可交付成果	限制及假設	1. 執行區內容
2. 學習和發現		2. 測試區內容
3. 範圍庫存	監控循環	3. 發起人決策
4. 狀態報告		
5. 變更要求		
6. 測試區內容		
7. 執行區內容		
8. 需求分解結構		

方法

1. 團隊精神檢驗
2. 客戶參與度檢驗
3. 可交付成果檢驗
4. 專案績效審查
5. 專案範圍檢討
6. 專案價值評估
7. 整批處理變更要求
8. 探索模式調整
9. 結束循環

圖 7.19　監控循環方法

輸入	1.可交付成果：詳細請參閱「執行循環」。
	2.學習和發現：詳細請參閱「執行循環」。
	3.範圍庫存：分析範圍庫存量的變化，來判斷循環的整體趨勢是否往希望的方向前進。圖 7.20 爲範圍庫存量的變化，其中以 (c) 的情況最佳。

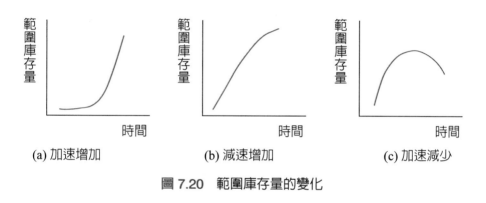

(a) 加速增加　　　(b) 減速增加　　　(c) 加速減少

圖 7.20　範圍庫存量的變化

	4.狀態報告：分析範圍庫存中執行區和測試區內容的變化，來判斷專案的進行是否朝向正面。如圖 7.21 所示，其中實線爲執行區，虛線爲測試區，各種狀況以 (a) 最佳。
	5.變更要求：詳細請參閱「執行循環」。
	6.測試區內容：目前的測試區內容。
	7.執行區內容：目前的執行區內容。
	8.需求分解結構：目前的需求分解結構。
方法	1.團隊精神檢驗：可以衡量團隊成員口語使用「我」和「我們」的次數比值，來判定團隊精神的高低。也就是：團隊精神＝我們次數／（我次數＋我們次數）。

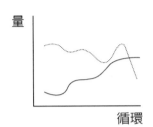

(a) 執行區增加 / 測試區減少

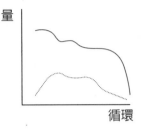

(b) 執行區減少 / 測試區減少

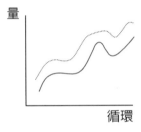

(c) 執行區增加 / 測試區增加

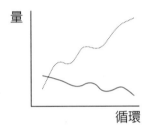

(d) 執行區減少 / 測試區增加

圖 7.21　執行區和測試區內容變化

2. 客戶參與度檢驗：客戶的參與必須正面而且恰到好處，參與太少會影響專案的進行，參與太多也會干擾專案的進行。

3. 可交付成果檢驗：檢驗可交付成果是否以積極的步調逐漸收斂。如果沒有，表示專案的方向可能錯誤，必須調整方向，嚴重時甚至必須中止專案。

4. 專案績效審查：審查到目前為止的專案績效，是否符合預期。

　例如可用圖 7.22 之燃盡圖 (burndown chart) 來審查迅捷專案之剩餘工作績效。

5. 專案範圍檢討：檢討專案的範圍是否需要變更，複雜專案的特徵就是範圍沒有固定，因此每一個循環之後，根據學習和發現，以及客戶需求的修正等，而需要變更後續專案範圍的可能性很大。

6.專案價值評估：由執行結果重新審視目前專案的商
業價值，是否仍然可以對企業組合管理的策略性目
標做出貢獻。

圖 7.23 為專案 3 的價值地圖，說明專案在創造企業
利益的策略性角色。

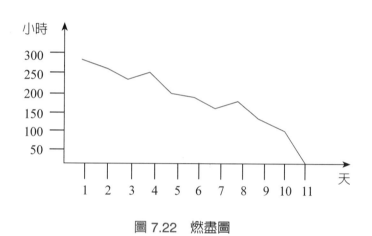

圖 7.22　燃盡圖

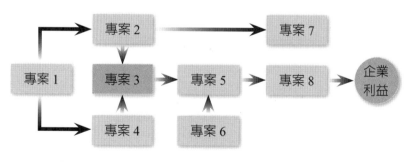

圖 7.23　專案的價值地圖

	7.整批處理變更要求：處理本循環執行過程的所有變更要求。 圖 7.24 為整批處理變更要求的流程。圖 7.25 為變更要求範本。 8.探索模式調整：根據專案特性和內外在環境的變化，調整下一循環的探索模式。 9.結束循環：循環結束有幾種原因，包括：(1) 循環工作提早完成；直接進入監控循環階段；(2) 循環期程結束，工作沒有完成。所有未完成工作，放入範圍庫存，排入下一循環執行。
限制及假設	

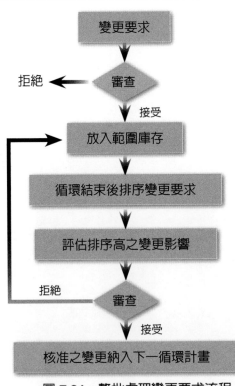

圖 7.24　整批處理變更要求流程

產出	1.執行區內容：重新排序的執行區內容。
	2.測試區內容：重新排序的測試區內容。
	3.發起人決策：繼續下一循環或中止專案。

專案名稱：
提案人：
提案日期：
變更說明：
商業評估：
行動：
核准人：　　　　　　　　　　日期：

圖 7.25　變更要求範本

7.8 結束專案

　　結束專案 (close project) 是指經過幾次的循環之後，最後產出的可交付成果達成專案目的，通過客戶的驗收，或是最後找到的解決方法，符合客戶的滿足條件，並且為客戶創造商業價值。結束專案的重點事項包括檢討：(1) 專案目的是否達成，(2) 專案是否如期和如預算，產出合乎規格的成果，(3) 客戶是否滿意，(4) 商業利益是否實現，(5) 有關專案管理方法的經驗和教訓等等。圖 7.26 為結束專案的方法。

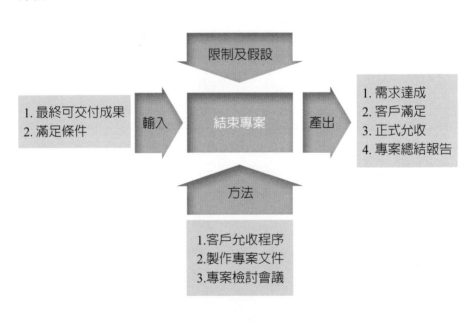

圖 7.26　結束專案方法

輸入	1. 最終可交付成果：專案團隊最後產出的可交付成果，可能和原先預期的一樣，也可能完全不一樣，但是只要能產生商業利益，都可能讓專案成功結束。 2. 滿足條件：詳細請參閱「專案需求」。
方法	1. 客戶允收程序：依據客戶指定的允收方式進行可交付成果的驗收。 2. 製作專案文件：製作專案總結報告等相關文件。 3. 專案檢討會議：檢討內容包括可交付成果達成關鍵成功因素的程度，專案團隊的整體表現、客戶團隊的配合程度、專案管理方法的成效、可做為未來專案參考的經驗教訓等等。
限制及假設	
產出	1. 需求達成：專案可交付成果達成客戶的需求。 2. 客戶滿意：客戶滿意專案團隊的表現。 3. 正式允收：客戶對成果正式允收。 4. 專案總結報告：專案團隊進行資料蒐集、開會檢討、經驗教訓留存等，最後整理成總結報告，以作為後續團隊參考。

複雜專案管理專有名詞

Agile Project（迅捷專案）
目的清楚，但是解決方案不清楚的專案。

Agile Manifesto（迅捷宣言）
執行複雜專案應該遵守的管理哲學。

Benefits Map（價值地圖）
專案在創造企業利益的策略性角色。

Burndown Chart（燃盡圖）
審查到目前為止的專案績效，是否符合預期的方法。

Change Driven（變更驅動）
專案透過變更來探索路徑和調整方向。

Collocation（集中辦公）
專案成員集中在同一個辦公室內。

Complex Project（複雜專案）
目的 (goal) 和／或解決方法 (solution) 沒有明確定義清楚的專案。

Conditions of Satisfaction（滿足條件）
達成專案需求所必須滿足的條件。

Cycle（循環）
規劃、執行和監控複雜專案一部分工作的時間期程。

Emertxe Project（極端專案）
目的不清楚，但是解決方案清楚的專案。

Extreme Project（極端專案）
目的不清楚而且解決方案也不清楚的專案。

Goal（目的）
執行專案所要達成的目的。

High Level Requirements（高階專案需求）
還沒有向下拆解的專案高階需求。

Just-in-Time Planning（及時規劃）
馬上要執行到之前才進行規劃。

Lean Principles（精實原則）
執行複雜專案應該遵守的管理哲學。

Learning and Discovery（學習和發現）
執行循環之後所獲得有關最終產品 (what) 和完成方法 (how) 的學習和發現。

Opportunity（機會）
企業目前所發掘應該優先實現的機會。

Plan Driven（計畫驅動）
在專案一開始，就制定一個詳細完整的計畫書。

Problem（問題）
企業目前所面臨必須優先解決的問題。

Project Overview Statement（專案概述）
提供發起人核准之用的專案綜合說明。

Prototype（模型）
用來說明專案產品概念，並作為和客戶討論起點的任何型式的模型。

Radical Poject Management（激進專案管理）
複雜專案管理的別稱。

Requirements（需求）
專案可交付成果必須滿足的需求。

Requirement Breakdown Structure（需求分解結構）
將高階專案需求往下展開的需求分解架構。

Rolling Wave Planning（滾浪式規劃）
時間接近的工作規劃詳細，時間較遠的工作規劃粗略。

Scope（範圍）
滿足專案需求必須完成的專案工作。

Scope Bank（範圍庫存）
必須執行，但是尚未執行的所有事項。

Score（創意構想）
系統化發掘創新產品或解決方案的方法。

Simple Project（簡單專案）
傳統專案又稱為簡單專案。

Solution（方法）
達成專案目的需要用到的方法。

SQRTC（範圍／品質／資源／時程／成本）
範圍 (scope)、品質 (quality)、資源可用度 (resource availability)、時程 (time) 和成本 (cost) 的重要性。

Team Operating Rules（團隊運作準則）
團隊用來解決問題、進行決策、形成共識和召開會議的運作準則。

Traditional Project（傳統專案）
目的 (goal) 和解決方法 (solution) 都明確定義清楚的專案。

Vision（願景）
專案發起人對問題和機會的主觀願景。

美國專案管理學會
AMERICAN PROJECT MANAGEMENT ASSOCIATION

APMA (美國專案管理學會) 提供六種領域的專案經理證照：(1) 一般專案經理證照、(2) 研發專案經理證照、(3) 行銷專案經理證照、(4) 營建專案經理證照、(5) 複雜專案經理證照、(6) 大型專案經理證照。APMA 是全球唯一提供這些證照的學會，而且一旦您通過認證，您的證照將終生有效，不需要再定期重新認證。證照認證方式為筆試，各領域的試題皆為 160 題單選題，時間為 3 小時。

哪一種證照適合您？

您可以選擇和您背景、經驗及生涯規劃最接近的證照，請參考以下的說明，選出最適合您的領域進行認證。沒有哪一個證照必須先行通過，才能申請其他證照的認證，不過先取得一般專案經理證照，有助於其他證照的認證。

❶ 一般專案經理 (Certified General Project Manager, GPM) 適合管理或希望管理一般專案以達成組織目標，或希望以專案管理為專業生涯發展的人。

❷ 研發專案經理 (Certified R&D Project Manager, RPM) 適合管理或希望管理各種產品和服務的開發以達成組織目標的人。

❸ 行銷專案經理 (Certified Marketing Project Manager, MPM) 適合管理或希望管理產品和服務的行銷以達成組織目標的人。

❹ 營建專案經理 (Certified Construction Project Manager, CPM) 適合管理或希望管理營建工程專案以達成組織目標的人。

❺ 複雜專案經理 (Certified Complex Project Manager, XPM) 適合管理或希望管理複雜專案以達成組織目標的人。

❻ 大型專案經理 (Certified Program Manager PRM)) 適合管理或希望管理大型專案以達成組織目標的人。

美國專案管理學會詳細資訊，請參考 http://www.a-pma.org/

職場專門店

五南文化事業機構
WU-NAN CULTURE ENTERPRISE

書泉出版社
SHU-CHUAN PUBLISHING HOUSE

國家圖書館出版品預行編目資料

複雜專案管理知識體系／魏秋建著. －－初
版. －－臺北市：五南，2016.10
　　面；　公分
ISBN 978-957-11-8887-4（平裝）

1.專案管理

494　　　　　　　　　　105018860

1FOA

複雜專案管理知識體系

作　　者 ― 魏秋建

發 行 人 ― 楊榮川

總 編 輯 ― 王翠華

主　　編 ― 侯家嵐

責任編輯 ― 劉祐融

文字校對 ― 劉祐融　許宸瑞

封面設計 ― 盧盈良

出 版 者 ― 五南圖書出版股份有限公司

地　　址：106台北市大安區和平東路二段339號4樓

電　　話：(02)2705-5066　　傳　　真：(02)2706-6100

網　　址：http://www.wunan.com.tw

電子郵件：wunan@wunan.com.tw

劃撥帳號：01068953

戶　　名：五南圖書出版股份有限公司

法律顧問　林勝安律師事務所　林勝安律師

出版日期　2016年10月初版一刷

定　　價　新臺幣350元